凛とした、清々しい香りに包まれて

# 青森ヒバのある暮らし

カルデサック ジャポン
村口実姉子

PARCO出版

KOMATSU
IWAFUJI
H.29.8

# 目次

## 1章
## ヒバの青々とした森がつらなるところ、から

2章

## 青森ヒバと、日々のたのしみ

# 1
# 章

# ヒバの青々とした森がつらなるところ、から

青森ヒバ（常緑針葉樹）は青森県のシンボルツリー。
県内には、たくさんの青森ヒバが生育しています。
なかでも、下北半島は圧倒的な群生地であり、天然青森ヒバの宝庫。
極寒の過酷な雪山にでさえ、ヒバの青々とした森がつらなります。

# 100年かけて大きくなる木

わたしが生まれ育った青森県下北半島の風間浦村《かざまうら》は、本州の最北にあって、青々とした山塊が重なり合うところです。爽やかな夏は駆け足で過ぎ、長い冬は骨身にしみる寒さです。

実家は祖父の代から製材所を営み、当時は数種の木材を商っていましたが、跡を継いだ父が青森ヒバを偏愛するあまり、それ以外の木材とはすっかり縁を切ってしまいました。昔はそうした青森ヒバだけを扱う製材所はいくつもあったらしいのですが、今では数少なくなりました。

製材所の道向こうに建つ生家は、もちろん総青森ヒバ造り。風に漂う青森ヒバの清々しい香りまで手につかめそうな環境に育ったせいか、この木はあまりにも身近すぎて、特別に意識することはありませんでした。

改めて少女時代の記憶をたどれば、青森ヒバはお父さんのにおい。製材所から帰ってきた父は、いつもスーッとしたその香りをまとっていました。

高校時代を北海道函館で過ごし、専門学校から東京に出て、ファッションの道に進んだわたしは、やがて自分のブランドとショップを立ち上げ、服づくりに忙しい毎日を送っていました。

でも、やっぱり、親子なのですね。

偶然の符合がいくつか重なり、「青森ヒバをデザインしてみようかな」と考え

青森ヒバはヒノキ科アスナロ属の常緑針葉樹高木で、日本の固有種だ。その祖先は今から100万年近く前に誕生したとされる。青森県では昭和41年に県の木に指定。

始めるようになったのです。

２０１５年の春、手始めにファッションの展示会で、青森ヒバチップを詰めたサシェをノベルティーとして配ってみることにしました。

「青森ヒバのチップです。いい香りがするので、どうぞお持ち帰りください」

そう言いながら、一人ひとりに手渡しすると、

「青森ヒバ？」

「すごくいい香りのするヒノキね」

まったく思いもしなかった反応が返ってきました。罪のない冗談？　いえいえ、本当に青森ヒバを知らない様子なのです。地元で青森ヒバを知らない人が誰ひとりとしていない分、そのギャップには面食らってしまいました。

展示会があった３日間、毎晩、わたしは父親に青森ヒバの知名度が低いことを電話で報告していました。

青森ヒバは秋田スギ、木曽ヒノキとともに、日本の天然三大美林です。

青森ヒバはスギやヒノキの2～3倍の時間をかけてゆっくりと成長するのが特徴。

ほとんどの木が30～50年で成木になるところ、青森ヒバは１００年かけて大きくなります。それから長い時間を過ごし、寿命はだいたい８００～１０００年といわれています。

下北半島大畑町（現むつ市）にある大畑八幡宮で捧げられる、青森ヒバの玉串。「本来、玉串には榊が使われますが、下北半島の神社では、青森ヒバの葉を用いるのです」と禰宜さん。

深い緑色で、ツヤツヤと光沢のある青森ヒバの葉は、何気なく器に生けても美しい。周囲の空気を浄化してくれるような、癒しの雰囲気を漂わせている。

# 青森ヒバの巨大実験室

ゆっくりと成長する青森ヒバが、現在も天然美林として残っているのは、わたしたちの先祖が山を守ってきたおかげです。

江戸時代、下北半島を治める南部藩にとって、北前船の商人が奪い合うように高値で買いあさる青森ヒバは、貴重な財源でした。質がよいことが全国に広く知れ渡ると、人気はますます上昇して取引が増大。乱伐された結果、山は荒れ始め、藩は青森ヒバを厳しい管理下において保護するようになりました。

明治時代になると、戦争の軍需でたくさんの木が切られましたが、一方で、大正時代には青森ヒバの調査や研究が熱心に進められました。

そこで分かったのは、青森ヒバは成長がとても遅く、無計画に伐採すれば、どんどん減ってしまうこと。

将来にわたって持続的に活用するためには、大きな木、若い木、幼い木と生育度の異なる青森ヒバが混じり合い、たとえ切っても次の世代が順繰りに育つ林をつくり出す必要がある、ということでした。

その結果を受け、昭和6年、下北半島大畑町に青森ヒバの巨大な実験室「大畑ヒバ施業実験林」がつくられます。広さ約210ha。

かなり先駆的に、サステナビリティに取り組んでいると思います。

昭和8年大畑町生まれの柴田円治さんは、大畑営林署の職員として、20歳のと

実験林の中には遊歩道があり、各所に案内板も整備されている。訪れた人は誰でも、青森ヒバの森を見ることができる。

かつて木材の運搬に使われた森林鉄道の貴重なレールが残る実験林には、全国各地から集められたヒバの見本林もある。

きから定年になるまでの40年間を実験林の管理に捧げたヒバ名人です。広大な敷地の隅から隅まで熟知しているので、退職後も実験林で伐採する際には、どの木を切るべきかの選木を手伝っているそうです。

「ここでは天然更新という青森ヒバ独特の方法で、生育を見守ってきたのだよ」

天然更新とは、人工的な植栽は行わず、自然に落ちた種子から木を成長させる方法。日本各地でスギやヒノキの人工植林が多いのはよく知られた話ですが、青森ヒバは育て方がとても難しく、人工植林では枯れてしまうものが多いことから、命のリレーには森羅万象に依《よ》る天然更新が最適とされているのです。

秋、自然に交配して結実した種子が地面に落ち、雪が溶けた春、稚樹がユラユラと芽を出します。

太陽の光が届かない鬱蒼《うっそう》とした森で、稚樹は成長をストップさせたまま何十年も生き、薄暗い環境が好転するチャンスを我慢強く待ちます。稚樹のままで100年生き抜いた、という壮絶な記録も残っているそうです。

必然として、老木が倒れたり、大木を抜き切りしたりして、ときにちょっとした変化が森の中に起こります。その瞬間、隙間から降り注ぐ木漏れ日を授かった幸運な稚樹だけが長い眠りから覚め、ぐんぐんと成長を始めます。

それから100年、成木に育つまで、青空をつかもうと懸命に生きるのです。

森の中のぽっかりあいた場所に、密集して茂る稚樹。普通の木では到底耐えられない長い時間、じっと待ち続け、堰を切ったようにものすごい勢いで伸びていく。1年間に60㎝以上伸長する木もある。

# 日々慈しみ、手塩にかけて

昭和時代、青森ヒバは、戦後のたくましい復興や、世界に例のない経済の高度成長期を支えるため、大量にどんどん切り出されました。

平成になって、伐採量はかなり減りましたが、それでも、「青森ヒバの質そのものが変わってきた」と父はぼやいています。

青森ヒバの伐採跡には、成長の早いスギなどが植えられてきましたが、今、これらの人工林を再び青森ヒバ主体の森林に復活させるプロジェクトが下北半島で始まっています。天然更新を大前提に、補完的に人工的な植栽にも挑戦していこうという試みです。植栽のためには、元気なヒバの苗木が必要です。

下北半島大畑町で青森ヒバの苗木生産販売業を営む桑田芳広さんは、「青森ヒバの苗木づくりには、結構手がかかる」と話してくれました。

「まずは種拾い。山で伐採した木の下に転がっている、自然交配した種を拾い集めてくるのです。それを苗畑に植えて大切に育てます。青森ヒバの種は発芽率が約6割と高くないことに加えて、小さいころは虫にやられて病気になったり、野ウサギにいたずらされたり。心配で目が離せません」

日々慈しみ、手塩にかけて育てた青森ヒバの苗木は、4～5年で20～30㎝の高さになります。そしたら林野庁や東北森林管理局などに出荷されて、山に植えられるのです。

右　1年目の苗。2〜3㎝とまだまだ小さい。健やかな成長を祈るばかりだ。
左　2年目の苗。春先に吹く猛烈な寒風で枯れないように気を配る。

3年目の苗。青森ヒバ用に改良した苗畑に何度も追肥をして、やっとここまで大きくなった。

元気に育った4～5年目の苗。黒いポリポットに入れられて、苗畑から旅立つ準備は万端に整っている。

# 3分間のできごと

初めて青森ヒバの伐倒現場を見学しました。

スタンバイした木こりさんは、まず、「ピー、ピー」と2回笛を吹きます。作業を始める合図です。

チェーンソーで真横と斜め上の2方向から切り込んで、受け口をつくり出しました。受け口の奥の直線が木の倒れる支点になります。

「ブルン、ブルン、ゴーゴーゴー。ブィン、ブィン、チュィィィィン」微妙に音を変化させながら、チェーンソーは淡々と事を成していきます。

「ピー、ピー、ピー」と今度は3回笛の音が聞こえました。受け口の反対側から、ナタで水平に追い口という切り込みを入れる合図です。

切り始めると、やがて木はゆっくりと傾き始めました。そして、最後にバサッと大きな音を立てて、地面にドスンと横たわりました。

「ピーーー」。すべてが終わった合図の笛が静かな山に響き渡ります。

たった3分間のできごとでしたが、人間の数倍もある大きな木を切る木こりさんに、木の生命力に真摯に対峙する力強さを感じました。

同時に、林業の衰退が指摘されるなか、山でたくさんの若い人たちが働いている現場を目にし、青森県の雇用問題をも含めた、山の未来への安心と心強さを感じることができました。

ピーピー

まずはチェーンソーを使って、口のような形の、受け口をつくる。直径のだいたい4分の1程度の長さまで切るのが一般的。

ピーピーピー

道具をナタに持ち替えて、注意深く、追い口をつくる。途中で木が倒れてくることもあるので、少しも気が抜けない。

湿り気のある切り口からは、青森ヒバの香りがクラクラするほど強烈に漂ってくる。木こりさんたちはこのオガ粉を持ち帰り、袋に詰めて押し入れなどに置いておくそうだ。

ピーーー

3分ちょっと、という短い時間で終わった伐倒作業。それは木こりさんの腕によるところが大きい。ムダな動きがひとつもなく、流れるようにスムーズだった。

# クレーン車で丸太の仕分け

山から切り出した青森ヒバの枝を払い、規定の寸法に切断したら、ざっくり積み置きます。それから、クレーン車で等級別に仕分けます。

自在に動くクレーンのアーム。その先には、重い丸太をがっちり抱え込む、ハサミのようなグラップル。つかんで、持ち上げて、移動して、置く。武骨ながらも器用な動き。

# 壮大な命脈のリズム

寿命800〜1000年といわれる青森ヒバですが、建材として多く利用されているのは樹齢200〜250年の、直径60㎝前後のものが中心です。だから、今現在切られているのは、200〜250年前の江戸時代中期に自成し、時代の荒波にもまれながらも必死に生き残ってきた木。

そう考えると、深い慎みと感謝と、厳粛な気持ちにさせられます。

そして、伐採されたあとも木材として、さらに200年以上生き続けるという圧倒的な生命力が備わっています。人間の一生を考えれば、あまりにも壮大なスケールで命脈を保っていると思いませんか。

下北半島脇野沢村《わきのさわ》（現むつ市）には、推定500歳の青森ヒバの老木があります。樹高20mで、それはマンションの6〜7階に匹敵する高さ。

かなりの急斜面から窮屈そうに生えているにもかかわらず、根元の邪魔な大岩をがっちりと抱え込み、仁王像を彷彿とさせるたくましい立ち姿です。思わず手を合わせたくなる、神々しい気迫。この先、1000年も2000年も生き続けてほしいという願いを込めて、「脇野沢千年ヒバ」と呼ばれています。

青森ヒバは、下北半島の風雪に耐えながら、それ以外の厳しい条件もすべてあるがままに受け入れて、あわてず、あせらず、命のリズムを刻みます。

そうして重ねた緻密な年輪はとても美しいのです。

青森ヒバの自然らしさをうまく残しつつ、デザイン性の高いプロダクトを考える、その塩梅が重要だ。

スツール制作時に出る端材。捨てるのはもったいない。東京のショップでディスプレイ台として使用する。

# 樹齢350年の巨木テーブル

下北半島東通《ひがしどおり》村には、日本一大きい猿ヶ森砂丘があります。防衛装備庁の武器試験場なので一般開放されておらず、それゆえ全国的な知名度は低いかもしれません。その場所は、2500年前から、青森ヒバの大群生地でした。そして、800~1000年前、大津波が押し寄せてきて、多くの青森ヒバは立ち枯れたまま飛砂に埋もれてしまいました。今でもその痕跡を残す埋没林は、猿ヶ森砂丘に現存しています。

10世紀近く前に砂に埋もれた木なので、スッカスカになっているはずと思いきや、なんと、腐朽しているのは表面のわずか2㎝だけ。それ以外の内側の部分は、製材すれば使用できるほど良好な状態を保っているそうです。ヒバって、本当にすごいとつくづく感心します。

わたしがデザインしている青森ヒバのプロダクトは、基になる材料を父の製材所から仕入れているので、実にありがたいことですが、ごくまれに樹齢350年の見事な木の根元も手にできます。

直径は約1m。巨木テーブルにすることにしました。そのままだと大きすぎるので、4分割にしたのがミソ。これならパーツに分けて、室内の壁やコーナーに置くこともできます。

砂漠の埋もれ木に負けないよう、10世紀以上愛用されてほしいと思います。

下北半島から届いた丸太は、スツールやサイドテーブルだけでなく、ガラスボウルをはめ込んだペット用テーブルにも変身。

丸太の形は一つひとつすべて異なり、割れや変色などもあるが、
それもまたおもしろい。

# 大小の枝と、剥いだ樹皮

枝や樹皮を捨てるのはもったいないという気持ちから、いくつかのプロダクトを考えました。

地元の方々に、昔の人は、剥いだ樹皮を何かに使っていたのではないかと聞いてみましたが、あまり覚えてないということなので、ヒバ名人の柴田さんにたずねてみました。

柴田さんは、「そういえば、昔は、木こりさんが樹皮に火をつけて虫除けにしていたよ」と教えてくれました。

調べてみると、樹皮を縄状に編み、それを頭の鉢巻にはさんで火をつけ、田畑での仕事のときに蚊除けやアブ除けとして用いていたようです。また、樹皮を土中に埋めて熟成させ、乾かしたあとに燻《いぶ》して、蚊取り線香の代わりにも使っていた様子。これはおもしろいと思いました。

加えて、樹皮で屋根をふいたり、壁材にしたり。

女性の冬の仕事として、山歩きで使うリュックサックのような袋状のカゴも編んでいたそうです。

そうした手わざが暮らしの中に息づいていたのは、終戦までの話。

青森ヒバの樹皮を剥ぐのは木に悪影響を与えるということで、戦後は廃《すた》れていったそうです。

大きめの枝に鉛を流し込んで重みを出し、上部に穴をあけて、オイルポットに仕上げた。インテリアとしても楽しい。

湾曲した青森ヒバの枝には、自然の妙がある。精油などが入ったビンに小枝を差し込んで、リードディフューザーに。

青森ヒバ精油のアロマキャンドルのまわりに、小枝を巻きつけたユニークなクラフト。実際に火を灯さなくても、そのまま飾るだけでもいい。

青森ヒバの樹皮は、紫っぽい褐色、あるいは灰色っぽい黒。縦に浅くて長い裂け目ができる。

樹皮をしっかりと乾燥させて、昔、木こりさんが山で使っていた虫除けを再現。

# 台所でおなじみの日用品

青森ヒバは、ほかの木にはないヒノキチオールという特別な成分を含んでいます。その成分には、水に強く、抗菌や防カビ、消臭という素晴らしい効果があり、そのよさすべてを体感するのに、まな板は最適。

生の魚介類を切っても、嫌なにおいが残りません。

感染力が非常に強い病原性大腸菌0-157への抗菌効果も実証されています。

加えて、包丁の刃当たりがとてもいい。

また、長く使っても、ほかの木に比べると黒カビが出にくいのです。

万が一黒カビがついてしまったら、粗塩や重曹ですり込み洗いをすると落ちやすくなります。

それから、まな板が反ってしまったら、ひっくり返して使えば自然に元に戻ります。そうして、わたしは20年以上、使い続けています。

ひとり暮らしを始めたとき、持ってきたのが青森ヒバのまな板で、お箸も荷物に入れていたと思います。

まな板に関しては、青森ヒバ以外、使ったことがないのです。

青森ヒバ製品、初めて選ぶとしたら、何がいいですか？　とよく聞かれますが、まな板はぜひ使っていただきたいです。

それはやっぱり、本当に秀逸な日用品だからです。

裁断方法を工夫することで、すべりにくく、
水を吸い上げるコースターに。コーヒーなど
のシミは残るが、それも味わいになる。

まな板にはこだわりがある。正方形と長方形。それぞれ大小
あり。また、熟練の職人さんが手カンナで丁寧に仕上げている。

軽くて、すべらない青森ヒバの箸。まな板同様、水に強く、抗菌や防カビ、消臭という素晴らしい効果がある。

# ヒバ名人が編む美しいカゴ

「始めたころ、製材する際に出る端材を捨てるのは、本当に忍びなくて。なんとかうまく利用できないかと思ってね」

ヒバ名人の柴田円治さんは、60歳で大畑営林署を退職したあと、自宅の一室で、見目麗しい青森ヒバのカゴをつくり始めました。もう25年以上も黙々と続けています。

わたしはそのカゴを初めて見たとき、「なんてツヤのある、きれいな木肌のカゴなのだろう」と感動したことを鮮明に覚えています。軽量で使い勝手がよく、でき上がったときは白木のやさしい色合いですが、使い込んでいくうちに深いあめ色に変わってきます。

柴田さんのお父さんは、鈴竹と呼ばれる細い竹を使ったカゴづくりが盛んな、岩手県一戸《いちのへ》町の出身。そこは日本を代表するカゴ民芸品の産地です。

子どものころ、柴田さんはその地でカゴづくりを手伝う機会があり、「知らず知らずのうちに、技術を身につけていたのだと思う」と。

そうした素地に、ヒバを愛する熱い情熱が加わって、日本で唯一無二の、青森ヒバのカゴが下北半島から誕生しました。

「青森ヒバは、昔から大工泣かせの木と呼ばれるほど、クセのある木でね。見た目はとてもきれいなのだけれど、一本の木の中に、やわらかい部分と、ノコギリ

ヒバのテープを横に並べ、手と足を巧みに使って、迷いなく編んでいく。小気味よく体が揺れていた。

「朝起きて、夜8時ごろまで編んでいるよ。あっという間に1日が終わってしまう」と柴田さん。

も入らないほど硬い部分が混ざっていたりするのだよ」

そんな青森ヒバのことを知り尽くしたヒバ名人ならでは。

まずは、玄関先に建てられた作業場で、材料となる柾目《まさめ》材を電動カンナで薄くスライスし、テープ状に仕立てていきます。

テープはぐいっと曲げられるほどしなやかなのに、折れないから不思議。その秘密は、100分の1㎜単位で厚さを調節しているから。

少しでも寸法を間違うと、ボキッと折れてしまうそうです。

テープができ上がったら、今度は自宅の一室にある作業場へ。

壁には大好きなカラオケセットが並んでいました。そこで鼻歌を歌いながら、楽しそうにテンポよく、編んでいきます。

「一番難しいのは角の部分。うまく編めないと、木がポキンと折れてしまう。父親が昔つくった竹でできた行李《こうり》（衣装カゴ）を何度も見ながら、角の編み方をすごく研究したものです」

今、カゴづくりを学ぶお弟子さんが少しずつ増えてきて、貴重な手わざは受け継がれていこうとしています。ヒバ名人柴田さんが編み出した青森ヒバの麗しいカゴは、この先もずっと残っていってほしい。

そのために、わたしもできるお手伝いを続けていきたいと思っています。

柴田さんがカゴづくりの材料にしている柾目材は、長いものや短いものなど、形状はすべてバラバラ。

柴田さんが編んだカゴに、デザインした持ち手をつけて、オリジナル商品として販売。軽いので、お出かけ用に最適だ。

# 丸ごと青森ヒバ<br>わいどの家

「わいど」という言葉は、下北弁で「わたしたちの」という意味。
丸ごと全部青森ヒバを使用した一軒家、わいどの家は、
観光地としても知られる下北半島風間浦村に建っています。

建材はもちろん、床下には調湿用のチップ、壁の断熱材にはカンナ削り。そして、風呂場、階段、テーブルとイス、ランプシェイド、障子にいたるまで、青森ヒバ。1日1組限定で宿泊できる。詳細はＨＰ参照。

わいどの家 http://ydonoki.jp

一般的には、スギやヒノキでつくられる障子枠だが、わいどの家では、青森ヒバ製。下北半島では、昔から障子や襖に使われてきた。

# 2章

# 青森ヒバと、日々のたのしみ

昭和30年ごろまで、青森県産のリンゴを詰める箱の底には、
鮮度を保つため、青森ヒバのパウダーが詰められていたそうです。
青森ヒバの精油に精油蒸留水、チップ、カンナ削り、パウダーは、
どれも日々の暮らしを健やかに彩る、たのしい日用品。

# 青森ヒバ精油のヒノキチオール

青森ヒバの仕事を始めようと思ったとき、最初に考えたのは青森ヒバ精油のことでした。下北半島から生まれた、清々しい和のアロマ。日本人にとっては、どこか懐かしさを感じる樹木の香りではあるのですが、木の内側からわき立つような臨場感も携えた、なんとも奥深い芳香です。

青森ヒバのファンの方は、「家中、この香りで満たしたい」とよくおっしゃっています。確かに、すごくリフレッシュされますよね。

わたしの場合、掃除をしたあとに青森ヒバの芳香浴を楽しみます。そうすると、室内がものすごく浄化される気がして。

青森ヒバは、和の香木とも称されるほど香りが強い木ですが、それはヒノキチオールという特別な成分を含んでいるからです。

ヒノキチオールは、その呼び名から、ヒノキに内蔵される成分のように思われていますが、実は、国産のヒノキにはほとんど含まれていません。天然のヒノキチオール成分が多く抽出できるのは、青森ヒバなのです。

特別なパワーのあるヒノキチオールは、たとえ低濃度でも、雑菌やカビ、ダニなどの増殖を抑える、高い抗菌、防虫の作用があります。

この抗菌性は、オーラルケアやヘアケアなどの製品で、すでに利用されています。また、ヒノキチオールの抗菌性は、雑菌を繁殖させないことに加え、雑

その1滴に計り知れないパワーを秘めた、青森ヒバ精油。ほかの精油とも相性がいいので、自分らしいブレンドを考えるのも楽しい。季節やシーンによって使い分けて。

菌から出る悪臭を防いでくれます。つまり、嫌なにおいを包み込んで消し去り、そのあとには爽やかな香りだけが残るのです。

防虫力も抜群で、特にシロアリに対しては、驚異的な効果が実証されています。もちろん、蚊やゴキブリなどへの忌避効果も確認されていて、昔から、「青森ヒバの家には、3年は蚊が寄りつかない」といわれています。

さらに、緊張を和らげ、落ち着きを与えるリラクゼーション効果も、さまざまな研究によって導き出されています。

豊かな効能があるヒノキチオールを含む青森ヒバ精油は、青森ヒバパウダーを水蒸気蒸留して抽出します。100kgから1kgというわずか1%しか抽出できない、とても貴重なオイル。

この精油には、ほかにもツヨプセン、クパレン、セドロールといった40種類あまりの成分があり、注目すべきはヒノキチオールと非常によく似た有効成分β-ドラブリンを含んでいること。ヒノキチオールとβ-ドラブリンの2種類の成分をもつ木は世界でもまれで、日本では青森ヒバだけです。

戦後、下北半島大畑町には、香料会社の精油採取工場があったそうです。その工場はすでに閉鎖されましたが、その後、精油の採取は復活し、下北半島の青森ヒバ精油は質が高いのが大きな魅力、と注目されています。

# 青森ヒバ精油、使う楽しみ

瓶のフタを開けると、スーッと立ち上る爽やかな香気。わずか1滴の精油の中に、青森ヒバの有効成分がギュッと濃縮されています。適切な濃度を守って大切に扱い、日々の暮らしに取り入れましょう。

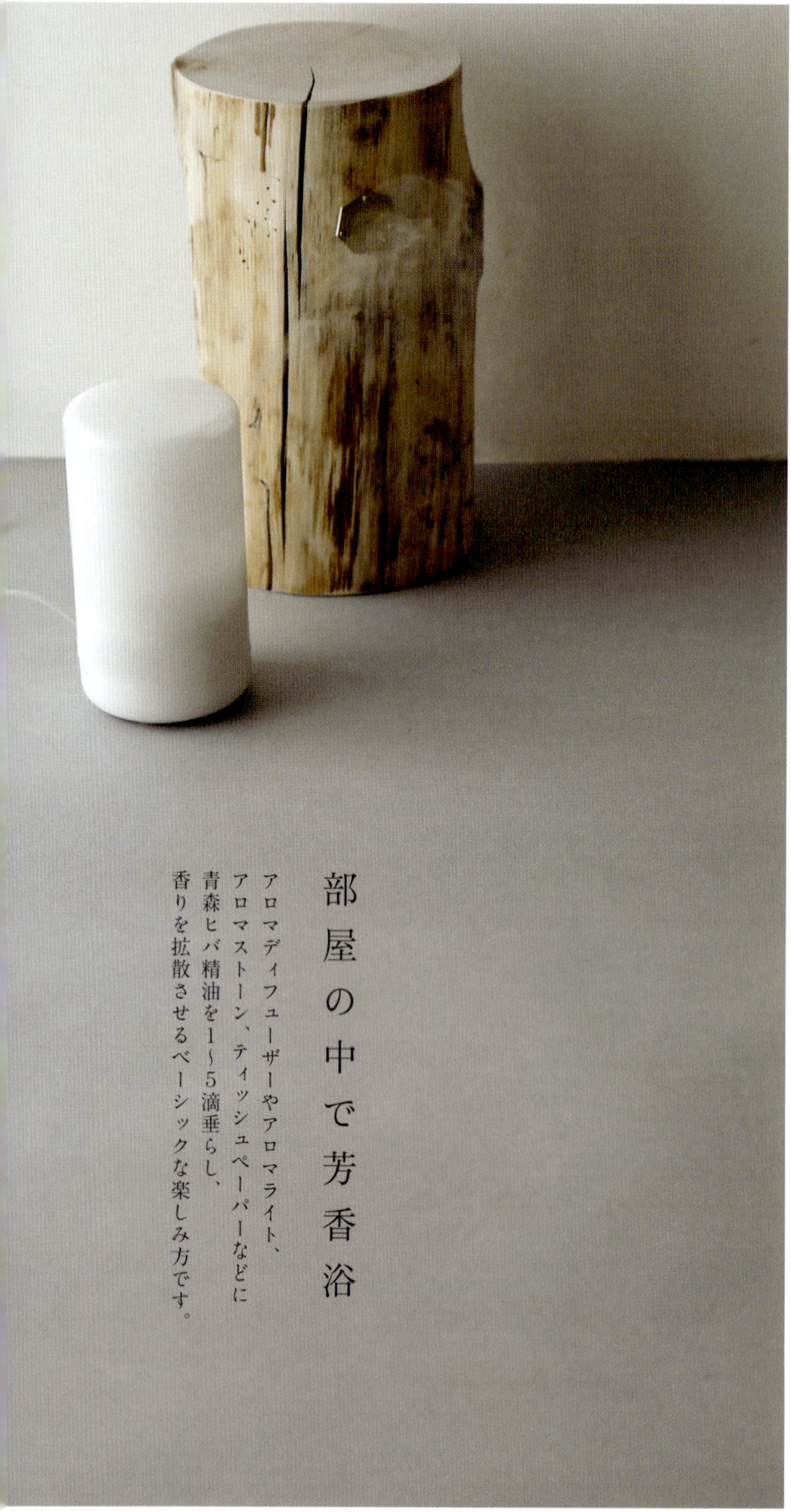

## 部屋の中で芳香浴

アロマディフューザーやアロマライト、アロマストーン、ティッシュペーパーなどに青森ヒバ精油を1〜5滴垂らし、香りを拡散させるベーシックな楽しみ方です。

# お湯に入れてアロマバス

青森ヒバ精油1～5滴、あるいは海塩（大さじ2程度）やベースオイル（小さじ2程度）などの基材に1～5滴加えて希釈したら、浴槽のお湯によく混ぜます
のんびりと全身浴や半身浴でリラックス。

# 洗濯のときにプラス

洗濯機の柔軟剤投入口に1〜5滴入れて、スイッチオン。
市販の柔軟剤と併用しても構いません。
洗濯物の抗菌、消臭・脱臭はもちろん、
汚れやすい洗濯槽の防カビ作用も期待できます。

# ゴミのにおい消しに

コットンに1〜5滴含ませて、ゴミ箱にポイと入れておきます。
青森ヒバ精油の消臭・脱臭の効果で、
台所の生ゴミ、おむつやペットシーツ、タバコの吸い殻など、
気になる嫌なにおいを軽減します。

# 青森ヒバ精油、アロマレシピ

森林の中にいるような清々しさがあるアロマは、
ジェンダーレスで愛される和の芳《かぐわ》しさ。
ヒノキチオールをたっぷり含む青森ヒバ精油で、
リラックス効果の高いアロマクラフトを手作りしてみましょう。

# バスソルト

浴槽のお湯によく混ぜて、満ちる香りを楽しんで。入浴する前にさっと作るのがベストですが、保存する場合は、密閉状態で冷暗所に置き、2週間以内に使いきりましょう。

**材料**（2回分）
青森ヒバ精油 … 5滴
海塩（あるいはエプソムソルト）… 100g
・エプソムソルトとは、バスソルトとして市販されている硫酸マグネシウムのこと

**作り方**
ボウルに海塩を入れ、精油を加えてよく混ぜる。

# アロマキャンドル

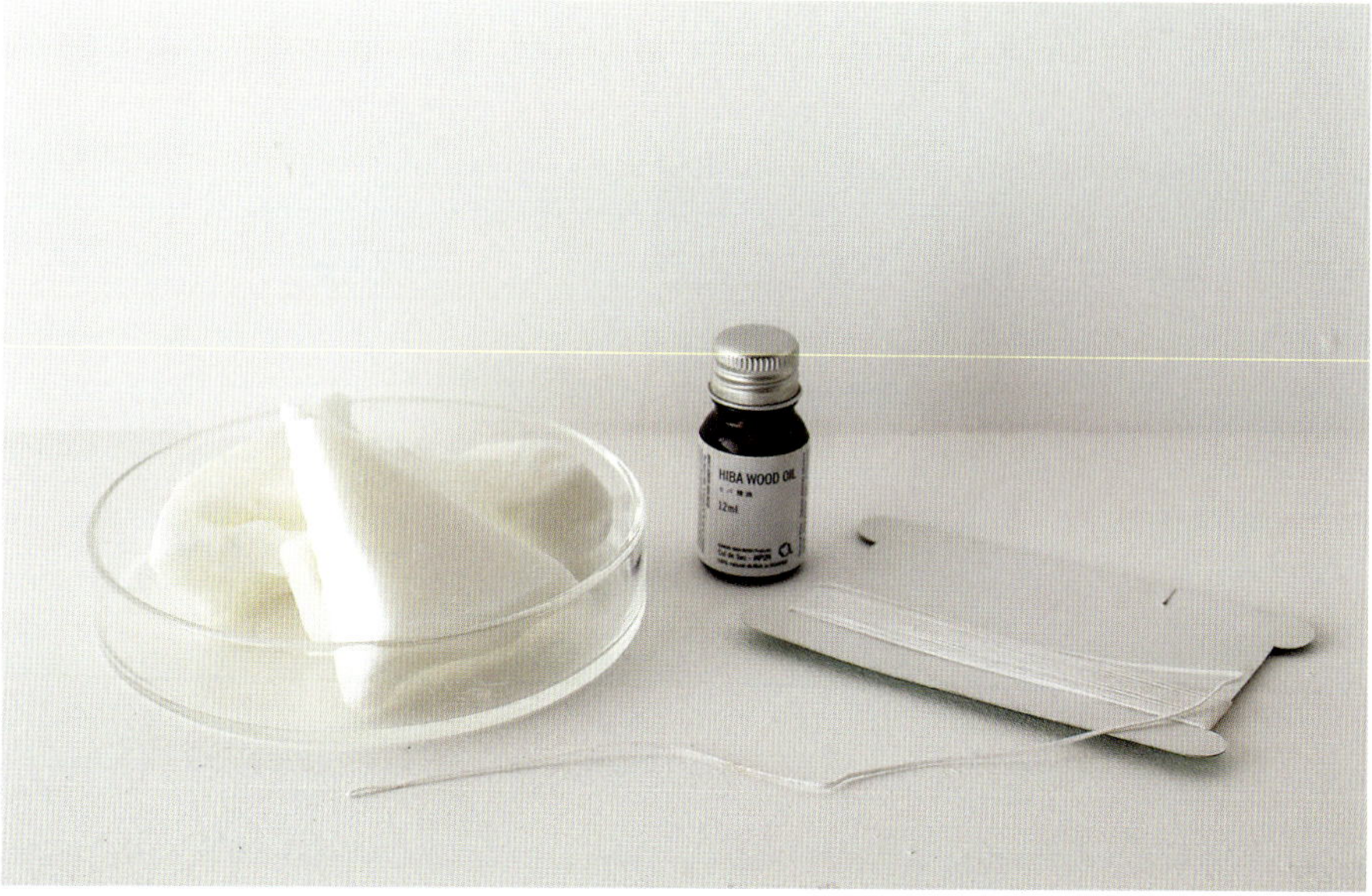


安らかな香りが穏やかに漂うアロマキャンドル。火を灯すときは、耐熱容器の下に皿などを敷き、テーブルの上が熱くなりすぎないように注意します。常温で保存し、6か月以内に使いきりましょう。

**材料**（作りやすい分量）
青森ヒバ精油…8㎖
ソイワックス…200g
キャンドル芯…適量
キャンドル芯の台座…1個
ガラスなどの耐熱容器（250㎖）…1個

**作り方**

**1** ガラスなどの耐熱容器の真ん中に、キャンドル芯の台座と芯をセットする。

**2** 鍋にソイワックスを入れて弱火にかけ、70℃前後を保ちながら溶かす。

**3** 60℃まで冷ましたら、精油を加え、静かに混ぜる。

**4** 1に3を静かに流し入れ、完全に固まったら、芯をちょうどいい長さに切る。

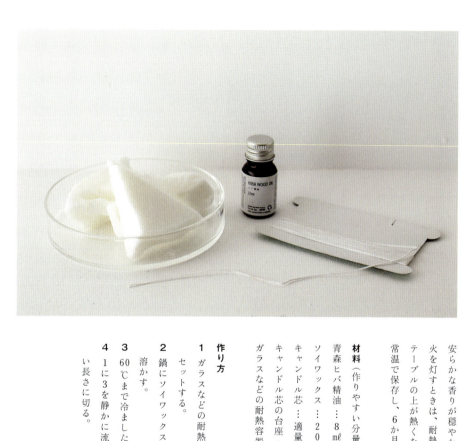

# ボディ、ハンド&ネイルバーム

ごわつきが気になる膝、肘、かかとなどのボディや、うるおいを補いたい手や爪のケアにも使える、マルチユースな天然成分のアロマバーム。冷暗所に保存し、2か月以内に使いきりましょう。

**材料**（約19g分）
青森ヒバ精油…2滴
シアバター…3g
ミツロウ…4g
ホホバ油…12mℓ
保存容器（20mℓ）…1個

**作り方**
**1** 耐熱容器にシアバター、ミツロウを入れ、湯せんで溶かす。
**2** 湯せんから取り出し、ホホバ油を加え、よくかき混ぜる。
**3** 粗熱がとれたら、液状のうちに精油を加え、よくかき混ぜる。
**4** 殺菌消毒した保存容器に移し入れる。

# 家具＆レザー用ワックス

やわらかな布に少量つけて、
木製の家具や、表革のソファやバッグなどに伸ばします。
美しいつやを与え、また、抗菌、保護、防水にも。
冷暗所に保存し、1年以内に使いきりましょう。

**材料**（68g分）
青森ヒバ精油…3mℓ（約60滴）
ミツロウ…10g
アマニ油…55mℓ
保存容器（70mℓ）…1個

**作り方**

**1** 耐熱容器にミツロウ、アマニ油を入れ、湯せんで溶かす。

**2** 湯せんから取り出し、粗熱がとれたら、液状のうちに精油を加え、よくかき混ぜる。

**3** 保存容器に移し入れる。

# ルームスプレー4種

床、家具、壁や布ものから離れた空中にスプレーします。
付着すると、シミや汚れの原因になることがあるので注意して。
スプレーする前によく振ってください。
冷暗所に保存し、2週間以内に使いきりましょう。

## ルームスプレーNO.1

森の奥地にたどり着いたような
深い呼吸とともに

**材料**（約30mℓ分）
青森ヒバ精油…4滴
フランキンセンス精油…4滴
サンダルウッド油…4滴
ウォッカなどのアルコール（あるいは無水エタノール）…5mℓ
※ウォッカはアルコール度数40～50度のものがおすすめ
精製水…25mℓ
遮光性のあるスプレーボトル（30～40mℓ）…1個

**作り方**

**1** ビーカーに精油類を入れ、アルコールを加えてガラス棒でよく混ぜる。
**2** 精製水を加えてさらに混ぜ、スプレーボトルに移し入れる。

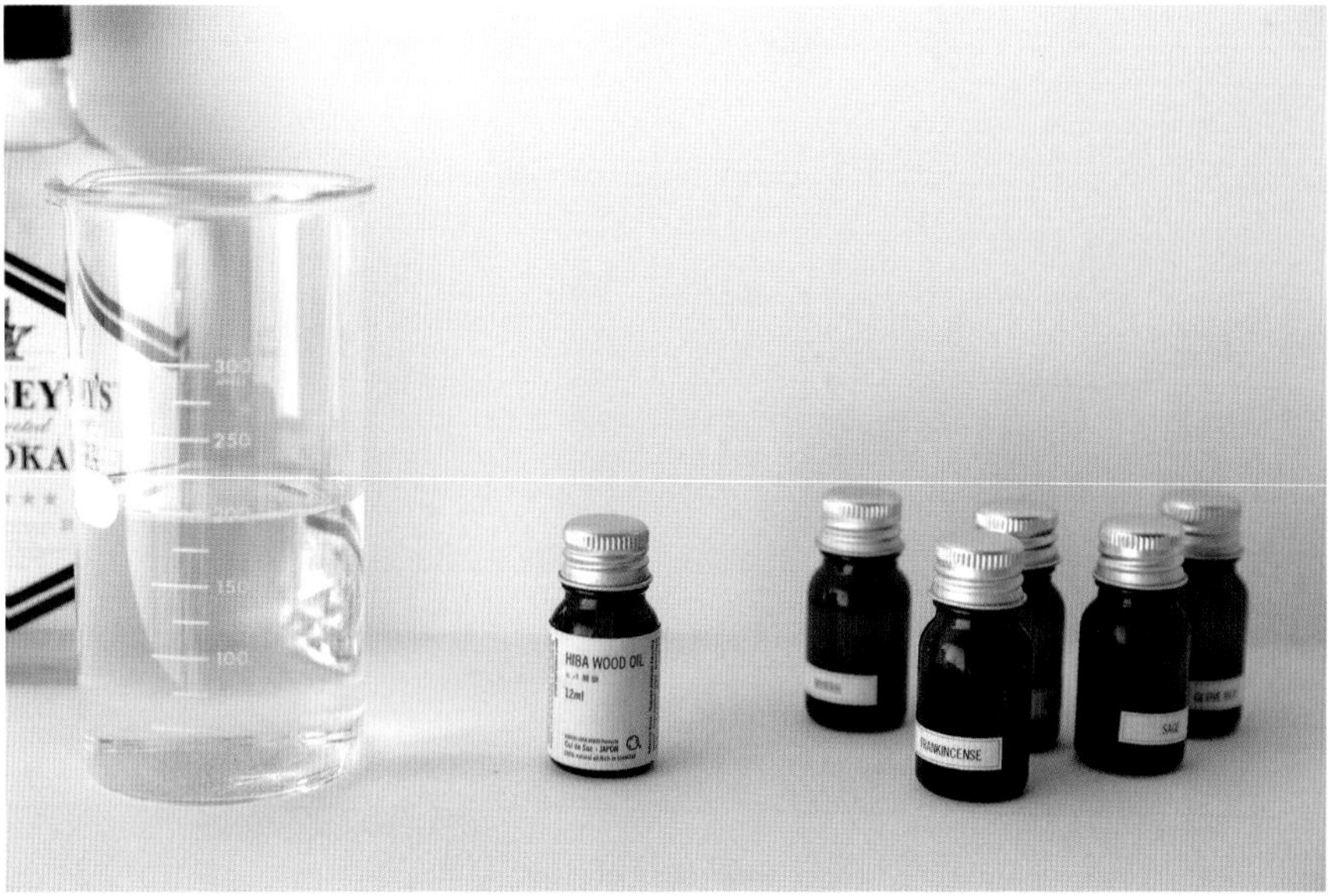


## ルームスプレー NO.2

リラックスしたいとき、
夜、心も体もゆるめ、心地よい眠りの誘いに

**材料**（約30mℓ分）
青森ヒバ精油…5滴
ラベンダー精油…7滴
ウォッカなどのアルコール（あるいは無水エタノール）…5mℓ
※ウォッカはアルコール度数40～50度のものがおすすめ
精製水…25mℓ
遮光性のあるスプレーボトル（30～40mℓ）…1個

**作り方**
**1** ビーカーに精油類を入れ、アルコールを加えてガラス棒でよく混ぜる。
**2** 精製水を加えてさらに混ぜ、スプレーボトルに移し入れる。

## ルームスプレー NO.3

暖かい日差しのようなやさしい気持ちや穏やかな気分になりたいときに

**材料**（約30mℓ分）

青森ヒバ精油…3滴
オレンジスイート精油…5滴
ベルガモット精油…4滴
ウォッカなどのアルコール（あるいは無水エタノール）…5mℓ
※ウォッカはアルコール度数40～50度のものがおすすめ
精製水…25mℓ
遮光性のあるスプレーボトル（30～40mℓ）…1個

**作り方**

1 ビーカーに精油類を入れ、アルコールを加えてガラス棒でよく混ぜる。
2 精製水を加えてさらに混ぜ、スプレーボトルに移し入れる。

## ルームスプレー NO.4

気持ちをしっかり切り替えたいときや集中したいときに

**材料**（約30mℓ分）

青森ヒバ精油…4滴
レモン精油…7滴
ペパーミント精油…1滴
ウォッカなどのアルコール（あるいは無水エタノール）…5mℓ
※ウォッカはアルコール度数40～50度のものがおすすめ
精製水…25mℓ
遮光性のあるスプレーボトル（30～40mℓ）…1個

**作り方**

1 ビーカーに精油類を入れ、アルコールを加えてガラス棒でよく混ぜる。
2 精製水を加えてさらに混ぜ、スプレーボトルに移し入れる。

# 夢のある、青森ヒバ精油蒸留水

ここ数年、精油蒸留水に注目が集まるようになってきました。芳香蒸留水、アロマウォーターやフローラルウォーター、ハイドロゾルなど、さまざまな呼び名がありますが、どれも基本的には同じもの。水蒸気蒸留法で精油を抽出するとき、一緒に得られる香りつきの水のことを指し、ほんの少しだけ精油が溶け込んでいます。

水蒸気蒸留法とは、精油を抽出する方法のひとつ。原材料となる植物を釜で蒸し、出てきた水蒸気を冷やすことで、精油と液体（精油蒸留水）とに分離させます。

よく耳にするラベンダーウォーターやローズウォーターは、花の部分を蒸留しますが、青森ヒバ精油蒸留水では木のパウダーを用いています。

成分が高濃度に凝縮された精油と比べて、精油蒸留水はかなりマイルド。だから、精油のように希釈する必要がなく、扱いやすいのが大きなメリットで、ほとんどがそのまま薄めずに使えます。

一般的には、市販のシートパックに染み込ませてフェイスケアをしたり、お風呂のお湯にコップ1杯分程度を加えてアロマバスにしたり。

それから、室内の芳香浴を楽しむルームスプレー、アイロンのスチームに少量加えるリネンウォーター、口臭予防のオーラルケア、頭皮の汗のにおいなどの

そのまま薄めずにさまざまな用途に使えるが、香りが強いと感じた場合、水で薄めても構わない。

製材所にある水蒸気蒸留装置。最近は、家庭でも使えるコンパクトな装置も市販されていて、なかなかの人気だそう。

お手入れをするヘアケア、洗濯や掃除など、幅広く使われています。

青森ヒバ精油蒸留水は、わたしも昔からよく知っていましたが、

「ショップでは、どんな形でお披露目するのがいいかなぁ」

としばらくの間、売り方を考えていました。

ペットボトルに入れて、掃除や入浴用として販売するのもいいのですが、なんだかピンとこなくて。もっと別の売り方をしたかったのです。

あるとき、三角フラスコに青森ヒバチップと一緒に入れて、1年間、香りの変化を観察してみました。

すると、時間の経過とともに、香りも色も濃くなっていったのです。その様子を眺めていると、生き物を育てているような気持ちになりました。

自分で香りを育てていくって、素敵なことだと思いませんか。

三角フラスコのフタを開けるたびに、どんな香りが醸し出されるのか楽しみになっていました。

スタッフの意見を聞きながら、これはおもしろいと納得できたところで、アイデアと一緒に販売をスタートしました。

どのタイミングで使用するかは、お好みで、ご自由に。ときどき上下を逆さまにしたり、軽く振ったりしてあげてください。

# 青森ヒバ精油蒸留水、使う楽しみ

刺激の強い精油よりも気軽に使える青森ヒバ精油蒸留水。
ごく少量の精油を含んでいるので、
爽やかな香りがほのかに漂います。

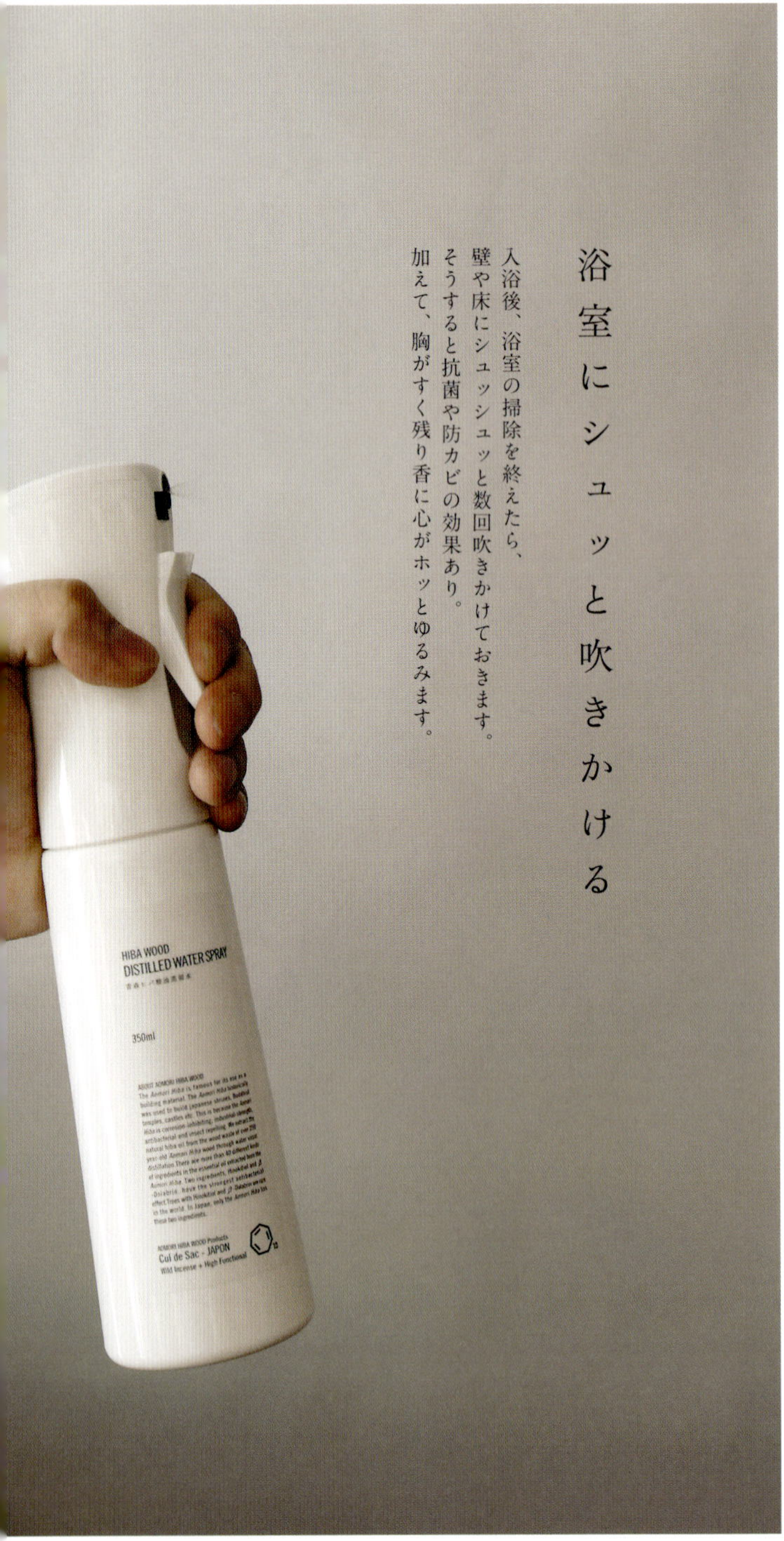


## 浴室にシュッと吹きかける

入浴後、浴室の掃除を終えたら、
壁や床にシュッシュッと数回吹きかけておきます。
そうすると抗菌や防カビの効果あり。
加えて、胸がすく残り香に心がホッとゆるみます。

# 床や窓の水拭き掃除に

精油は水に溶けず表面に浮きますが、
精油蒸留水なら混ざるので、水拭き掃除にぴったり。
バケツの水1ℓに対して、加える量は50〜100㎖が目安です。
固く絞った雑巾を使えば、汚れもにおいも、きれいさっぱり。

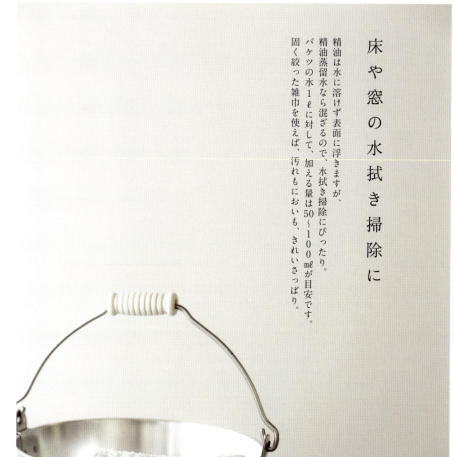

# 青森ヒバ精油蒸留水、アロマレシピ

青森ヒバと同じ樹木系や樹脂系、
甘いフローラル系の香りなど
好きな蒸留水と自由に組み合わせて、
特別感のある自分らしい香りを見つけてください。

# ルーム スプレー2種

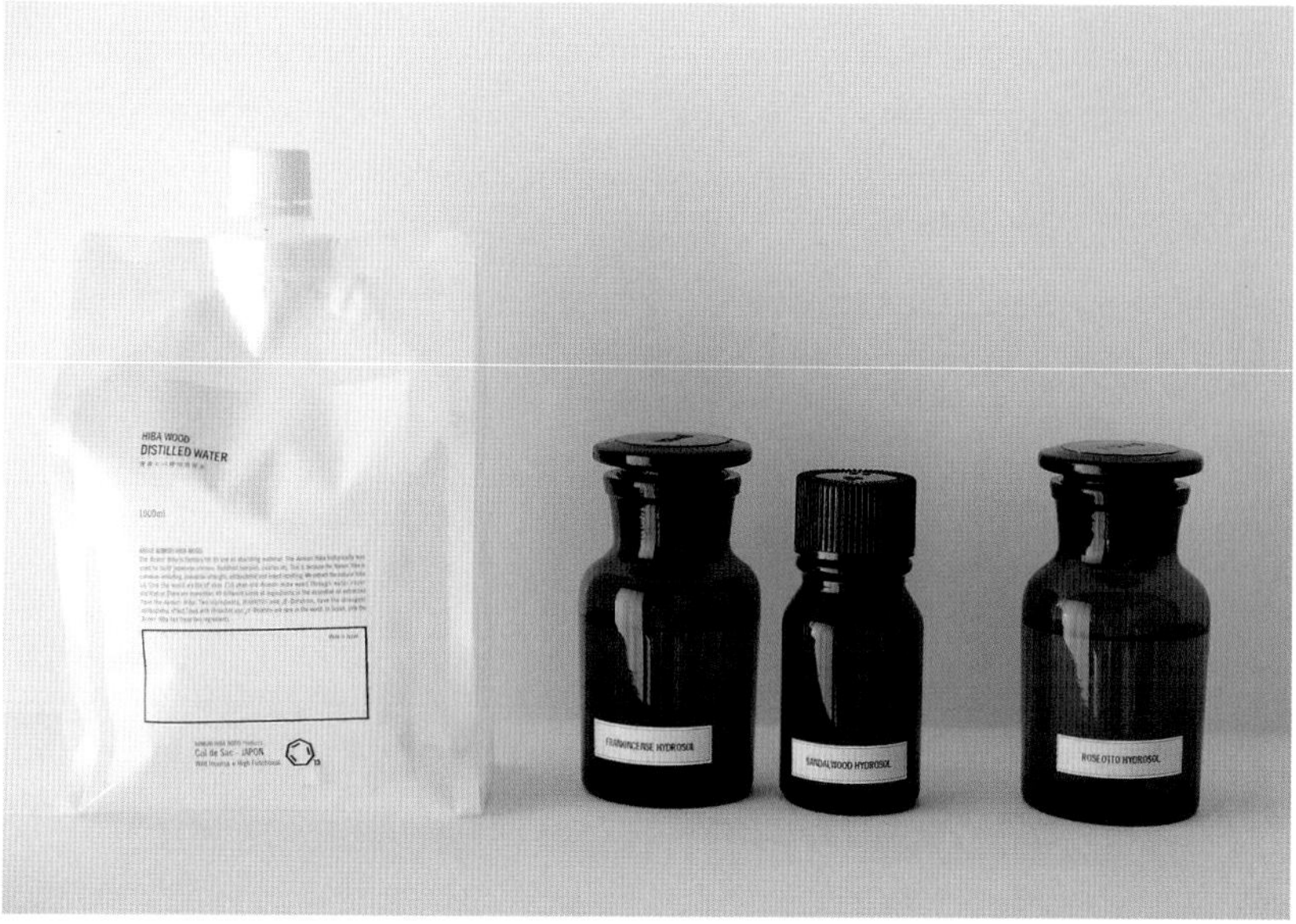


床、家具、壁から離れた空中にスプレーします。
枕に吹きかけて香りを楽しむのもおすすめです。
スプレーする前によく振ってください。
冷暗所に保存し、2週間以内に使いきりましょう。

## ルームスプレー NO.5

モヤモヤした頭の中を整理して、
落ち着きたいとき

**材料**（30mℓ分）
青森ヒバ精油蒸留水…10mℓ
サンダルウッド蒸留水…10mℓ
フランキンセンス蒸留水…10mℓ
スプレーボトル（30mℓ）…1個

**作り方**
**1** ビーカーに蒸留水類を入れ、ガラス棒でよく混ぜる。
**2** スプレーボトルに移し入れる。

## ルームスプレー NO.6

リセットしたあと、
元気に何かを始めたいとき

**材料**（30 mℓ分）
青森ヒバ精油蒸留水 … 15 mℓ
ローズオットー蒸留水 … 15 mℓ
スプレーボトル（30 mℓ） … 1個

**作り方**
**1** ビーカーに蒸留水類を入れ、ガラス棒でよく混ぜる。
**2** スプレーボトルに移し入れる。

## ヒノキチオールの抗菌性

ヒノキチオールの優れた抗菌力は、すでに実験で証明されています。

わたしも青森ヒバ、スギ、ヒノキ、クスノキ、ブナの木片に、一般的な雑菌、カビを植えつけた抗菌性試験をしたことがあります。結果、青森ヒバに繁殖した雑菌の数は明らかに少なく、また、カビはほとんど生えてきませんでした。

ヒノキチオールをたっぷり含む精油だけでなく、香りにも効果があります。さらに、ヒノキチオールの成分が薄くなっても、効果は変わりません。

ずいぶん昔から、生活の資材として多用されている事実を考えれば、細かいデータにとらわれずとも、もっと積極的に使う価値は大いにあると思います。

## リラックスする理由

香りのリラックス効果については、記憶とつながる部分が多いかもしれません。香りは嗅覚を通じて脳で認知されます。脳で意識される香りは、わたしたちが日常で嗅いでいる3割程度。脳に香りの情報が送られると、蓄積された記憶と整合させて認知します。

一般的に森林などの風景には安心感がありますが、脳はそれを学習していて、樹木系の青森ヒバの香りを嗅いだとき、深くリラックスするのでしょう。

実は、青森ヒバの葉は、理論的には食べられるのです。わたしは青森ヒバの酒樽をつくりたいと、現在研究を進めています。落ち着く香りが漂う、おいしい酒になりそうでしょう（笑）。青森ヒバは、これから食の分野での応用も大いに期待できるのです。

村中 文人（むらなか やすひと）さん
農学博士。
国税庁醸造試験場などに勤務後、青森県工業試験場（現青森県産業技術センター弘前地域研究所）に所属。退職後、青森県酒造組合顧問を務めるほか、個人会社「コンテ」を開業し、主に醸造および食品関連会社のコンサルタントとして活動。

青森ヒバカンナ削り

青森ヒバパウダー

青森ヒバ微パウダー

青森ヒバチップ

青森糸ヒバ

# 芳しい青森ヒバチップのすすめ

通常、木のチップとは、製材の際に廃材（白太《しらた》と呼ばれる樹脂などの成分を含まない部分）となる木材を小さく砕いたもので、パルプや紙、ボードなどの原料や燃料として用いられます。

一方、わたしたちがつくる青森ヒバチップは、廃材は使わずに、有効成分の強い赤身を使用しているのが最大の特徴です。木の赤身とは、丸太を輪切りにした際、樹皮側から４～５㎝の白太を除いた部分のこと。赤身には、さまざまな成分がたっぷりと含まれています。

赤身からつくる青森ヒバチップは、小さな木のかけらですが、ヒノキチオールなど青森ヒバの成分を含んでいるので、とても香りが強く、抗菌、リラックス、防虫、消臭・脱臭などの効果が期待できます。

ショップでは、ドラム缶にドサッと入れて、詰め放題で販売していますが、これがすごい人気。

「あぁー、なんていい香り……」とつぶやきながら、チップの山に顔を近づけている方もいらっしゃるほどです。

わたしは、器にたっぷり盛って自宅の寝室に置き、就寝前には水をかけて、より強く漂う香りを楽しんでいます。使う楽しみは、実にいろいろ。

使うほどに愛着がわいてくる、青森ヒバチップです。

丸太を製材すると、どうしても曲がった木や端材、規格外の材が出てくる。製材の際に出るそうした赤身部分の端材を使ってチップにする。

小さな袋に詰めてサシェとして利用するだけでなく、ドッグランやガーデン用として米袋などに入れて、数kg単位でドカンと販売されることもある青森ヒバチップ。

# 青森ヒバチップ、使う楽しみ

大中小さまざまな形状をした木のかけら、青森ヒバチップ。
有効成分をたっぷり含んでいるので、
森林浴をしているような濃い香りです。

## 器に盛りつける

お気に入りの器に盛りつけましょう。
それだけで部屋の中に香りが拡散します。
寝室ならリラックス効果で安眠を誘い、トイレなら消臭・脱臭に。
香りが薄くなったら、水で軽く全体を湿らせるか、青森ヒバ精油を垂らして。

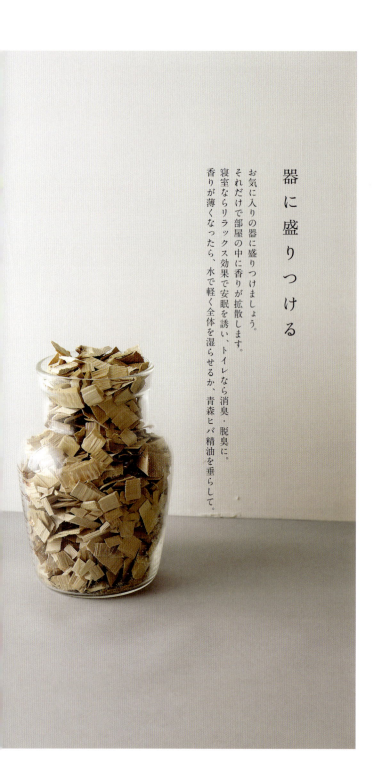

# 防虫剤にもなるサシェ

小さめの袋などに青森ヒバチップを詰め、ふわりと香るサシェ（におい袋）をつくりましょう。枕元や引き出しなどに置いて楽しむのはもちろん、クローゼットにかければ、天然の防虫剤になります。

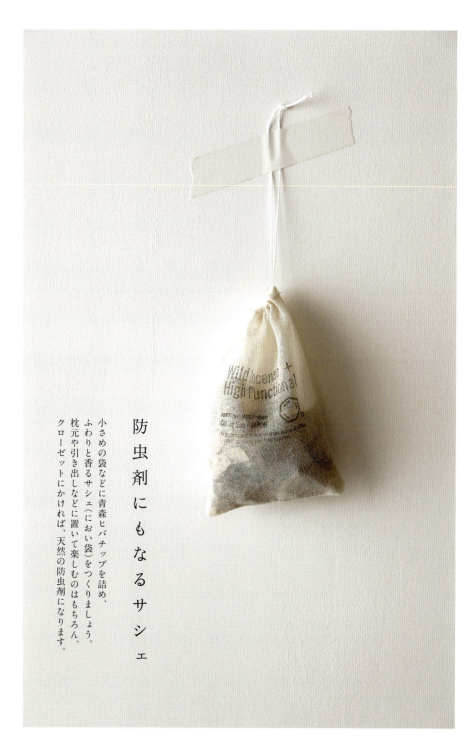

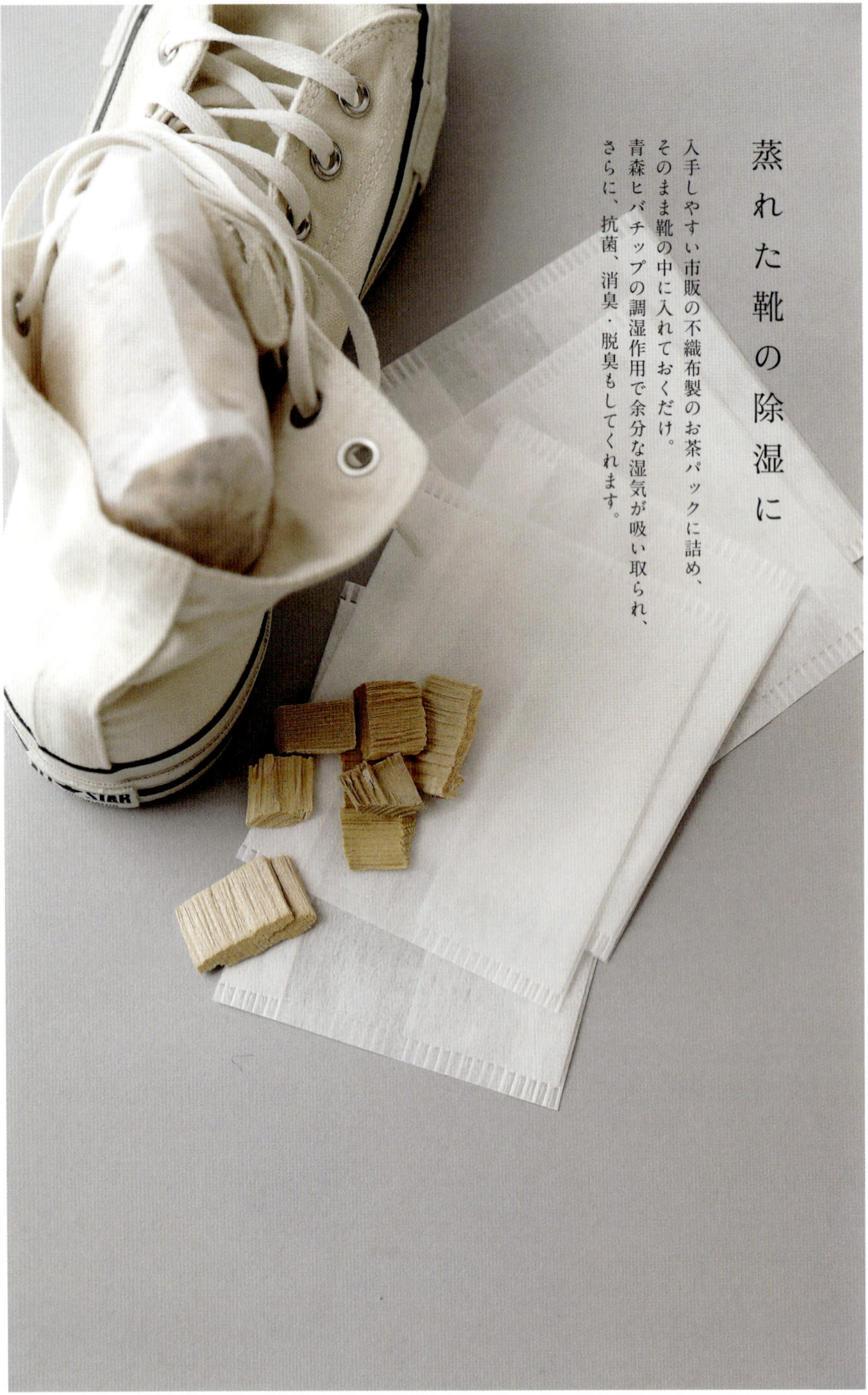

# 蒸れた靴の除湿に

入手しやすい市販の不織布製のお茶パックに詰め、そのまま靴の中に入れておくだけ。青森ヒバチップの調湿作用で余分な湿気が吸い取られ、さらに、抗菌、消臭・脱臭もしてくれます。

# 乾いた空気に加湿

空気がカラカラに乾燥する秋から冬、
水をたっぷりかけた青森ヒバチップを室内に置くと、
調湿効果を発揮して湿度をほどよく高めます。
風邪が流行《はや》るシーズンには抗菌も期待できて、うれしい限り。

# 青森ヒバチップ、アロマレシピ

青森ヒバチップはヒノキチオールなどの有効成分を多く含みます。
精油や精油蒸留水と組み合わせて、
より濃厚な青森ヒバのアロマの世界を楽しみましょう。
青森ヒバ以外の、好みの香りと合わせてみるのも風趣に富んでいます。

# チップ&精油

アロマストーンやティッシュペーパーの代わりに、青森ヒバチップの上に好みの量の精油を垂らし、部屋の中に香りを拡散させて楽しみます。一度にたくさん垂らしてもいいいし、毎日1滴ずつでも構いません。

**材料**（作りやすい分量）

青森ヒバチップ…適量

青森ヒバ精油…適量

**作り方**

**1** ガラス、あるいは陶器の容器に、青森ヒバチップを入れ、青森ヒバ精油を垂らす。

**2** 好きな場所に置き、芳香浴を楽しむ。

# チップin油蒸留水

青森ヒバチップを青森ヒバ精油蒸留水に浸けて成分を抽出します。芳香浴を楽しんだり、拭き掃除に使ったり。ペットのトイレなどにおいが気になる場所の消臭や、網戸にシュッと吹きかければ防虫対策にも役立ちます。

**材料**（作りやすい分量）

青森ヒバチップ…50g

青森ヒバ精油蒸留水…350mℓ

**作り方**

**1** ガラス容器に青森ヒバチップを入れ、青森ヒバ精油蒸留水を加える。

**2** しばらく浸ける。長く浸けると香りと色が濃厚に変化する。好みのタイミングで使う。

1〜2週間から1か月ほど浸けるとフレッシュな香り、3〜6か月経つと熟成されたような深い香りになる。

# カンナ屑改め、カンナ削り

木材の表面をシルクのように滑らかに仕上げるカンナ。青森ヒバのカンナがけには、かなり気を使うとヒバ名人の柴田さんも、父も言っています。

青森ヒバにはやわらかい部分と硬い部分が混ざっていて、硬い部分がものすごく強いのだそうです。

日当たりや風向きなど、木が生育する環境に精一杯順応しようとした結果、あるところだけ硬くなる。大きくなるために踏ん張ってきた、木の力こぶみたいなもので、倒れないように生き抜いてきた証なのでしょう。

丁寧に様子を確かめながら、青森ヒバの木材にカンナをかけると、シュルシュルと薄くてやわらかい木片が削り出されます。ひとつかみしてギュッと握ると、心地よい弾力がてのひらにはね返って、なんだかいい気持ち。

そして、プーンと漂う木の香り。薄くてもヒノキチオールをたっぷり含み、青森ヒバ特有の効能はぎっしりと詰まっているのです。

一般的には、カンナ屑と呼ばれていますが、「もはや屑ではないよね」というのが、わたしの正直な感想。青森ヒバの生い立ちを考えれば、どんな部分も決してムダにできませんから、屑と言うのははばかられる。

そこで、カンナ屑改め、意識的に、カンナ削りと呼んでいます。それがいいなと、思っています。

青森県の森林・林業の魅力を発信するため、普段なかなか接する機会がない木こりの働く姿に焦点を当てた「キコリカレンダー」のノベルティーとして配られたカンナ削り。

薄い木片がクルクルと丸まったカンナ削りも、赤身部分の端材を使っている。建物の断熱材として用いられることもある。

# 青森糸ヒバ、使う楽しみ

特殊な刃で細い糸状に挽いたものが青森糸ヒバです。チップのような角はなく、触るとやわらかな弾力が伝わります。昔から、青森糸ヒバを枕の素材にした糸ヒバ枕は人気がありました。

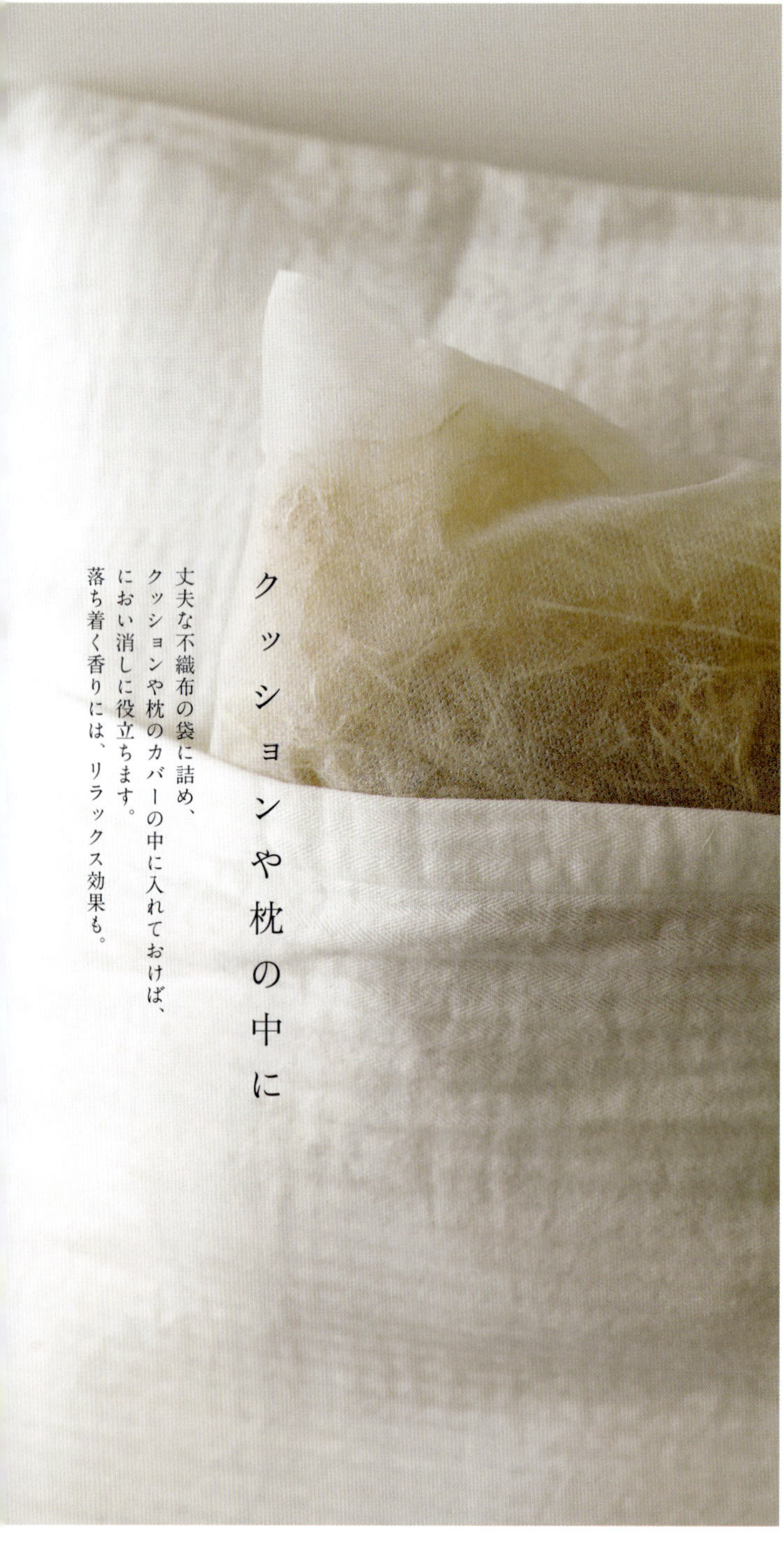

## クッションや枕の中に

丈夫な不織布の袋に詰め、クッションや枕のカバーの中に入れておけば、におい消しに役立ちます。落ち着く香りには、リラックス効果も。

# 野菜の保存にうってつけ

ふかふかに敷いた青森糸ヒバの上に、野菜を置くだけ。
冷蔵庫内の野菜室でも、
イモ類などを保存する冷暗所でも、
青森ヒバがもつ天然の抗菌作用は、野菜の保存に一役買います。

# 定番燃料だった木のパウダー

木材を製材する際に出る、目の細かい木粉のことを青森ヒバパウダーと呼んでいます。いわゆるオガ屑です。屑と呼ぶと、用済みのような印象なので、パウダーのほうが使い勝手がよさそうでしっくりきます。

製材所では、製材作業をする過程で、原材料の7％近くもがパウダーになっています。日常的に生じるので、それを破棄してしまうのは、実にもったいない話です。

戦後の物資不足の時代は、お風呂の湯を沸かすなどの燃料として、パウダーを固めた棒状の固形燃料オガライト（ブリケット）が日用品でした。父の製材所でも、かつてはストーブの燃料として用いていました。

細かいパウダー状になっていても、青森ヒバのもつ効果は失われていませんから、今でもクワガタ虫などの飼育やキノコ栽培の培地、また、顔だけ出して全身を埋めてポッカポカに温める酵素浴に使われます。

電車の駅では、乗客の嘔吐物の処理用として、ポリ袋に詰めて常備しているところもあります。嘔吐物の上にまいて、悪臭と水分を吸わせてから、ホウキとチリトリで掃除をすればバッチリ。砂よりも使い勝手は抜群です。

家庭では、生ゴミにふりかけると、消臭効果が期待できるだけでなく、虫も寄せつけません。

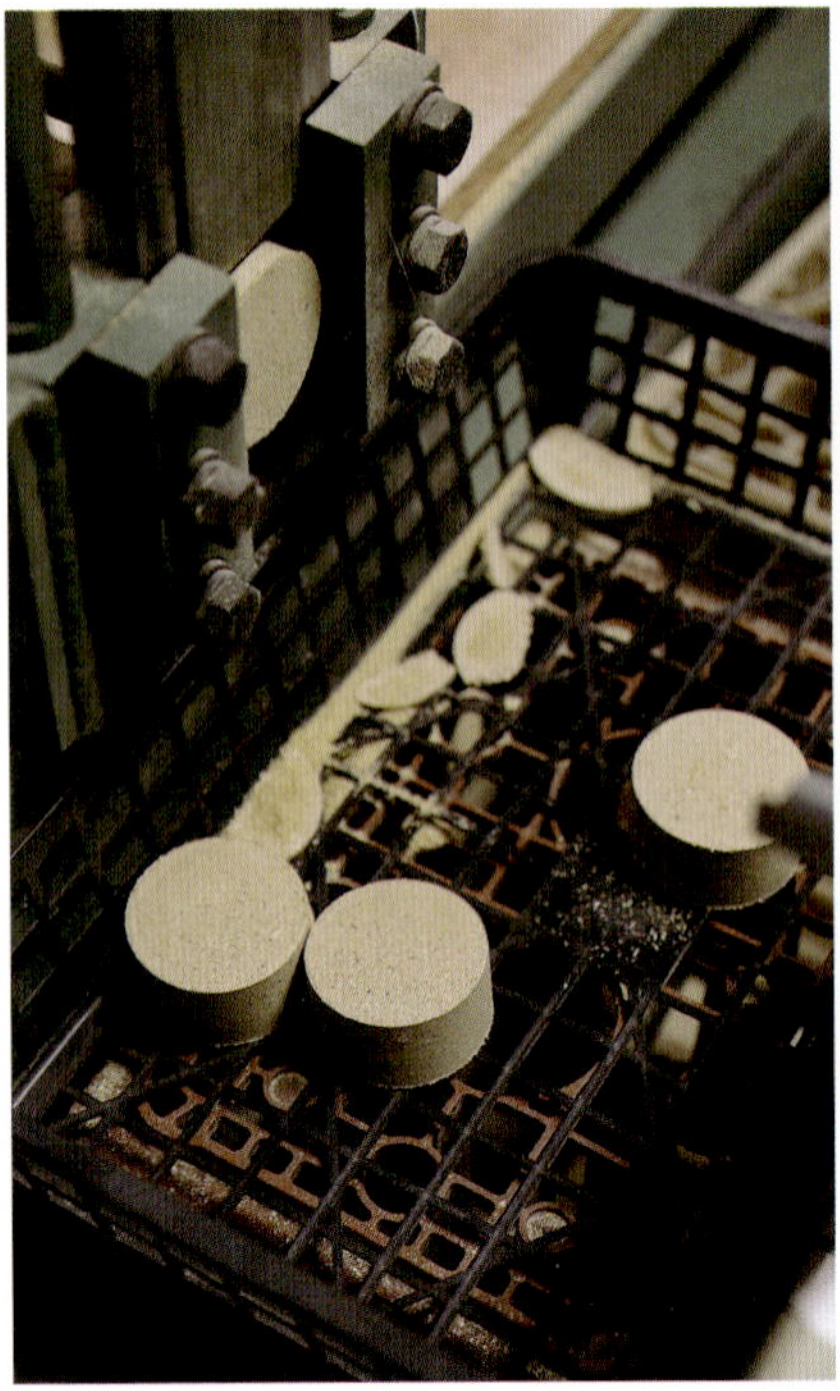

右　薬品は一切不要。天然素材だけを使用しているから安心。
左　青森ヒバパウダーを４ｔの圧で固形化してつくる「ヒバマジック」。

流し台の下、靴箱、クローゼットなどに入れておけば、湿気を吸収（水分３５０㎖程度）して、消臭。

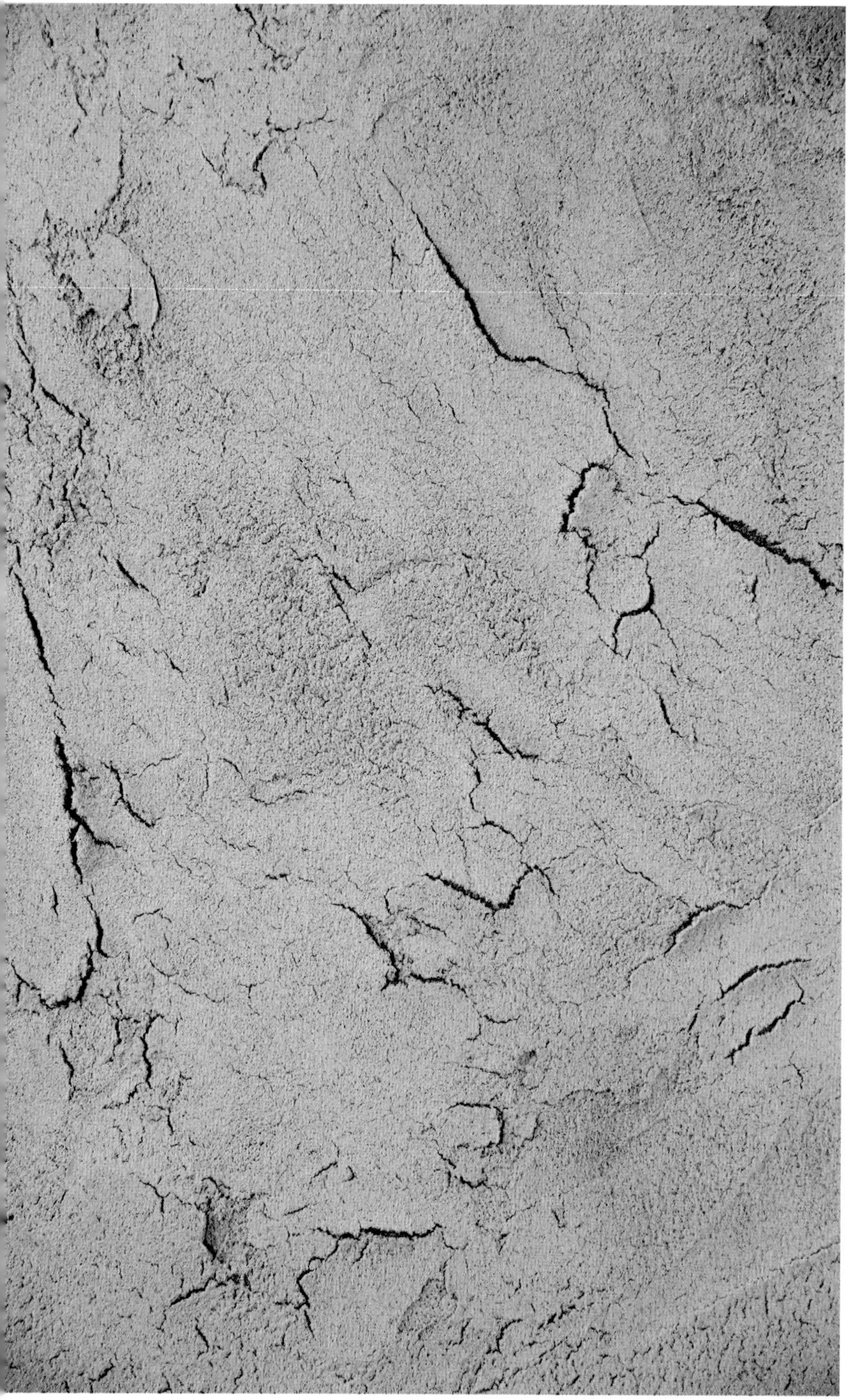

パウダーより、さらに細かい粉末の微パウダー。コーンスターチと混ぜ合わせ、ヒバ塗料にしてみる。

# 青森ヒバでつくる繊維

わたしはファッションデザイナーとして、これまで数えられないほどの洋服を制作してきました。そして、幾度となくブランドオリジナルの生地づくりも手がけました。しかし、繊維そのものから開発して生地をつくり上げる、という仕事は経験ありません。

いつのころからでしょうか、「もしかしたら、青森ヒバを使った繊維で生地ができるかもしれない」と思い始め、あるとき、昔からお付き合いのある生地屋さんに相談してみることにしました。

無理なお願いにご協力いただくこと1年半以上、さまざまな研究を重ねて、やっとのことで青森ヒバの繊維の開発に成功したのです。

それは、青森ヒバのもつ抗菌と防臭の効果をそのまま維持した、夢のような青森ヒバの繊維。

木材を原料としたパルプからレーヨン繊維をつくるのですが、その過程で青森ヒバ精油を練り込みました。この過程で練り込まれた成分は、半永久的に効果を発揮します。しかも、100%天然由来の素材を用いた繊維なので、環境を汚すことがなく自然に還ります。

現段階では、まだ商品として店頭に並んでいませんが、「近い将来、青森ヒバのまったく新しい可能性が広がる」とワクワクしています。

# 青森ヒバ専門 村口さんの製材所

下北半島風間浦村にある村口産業は、青森ヒバをこよなく愛する村口要太郎さんが経営する青森ヒバ専門の製材所です。

広々とした製材所のそこかしこに、青森ヒバの芳香がくっきりと染みついている。製材所に隣接する狭い部屋では薪が焚かれ、端材を乾燥させていた。数分いるだけで、湿気を含んだ青森ヒバの濃厚な香りが充満する。

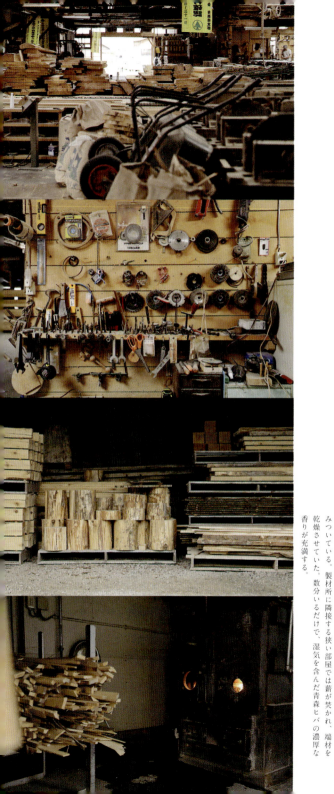

サイドテーブルやペットテーブルなどをつくるため、サイズに合わせて間伐材を切る。通常、製材所では取り扱わない間伐材を上手にリサイクル。

樹皮を剥いだ丸太の表面を手作業で磨いていく。一つひとつの丸太の状態が異なるので、熟練の職人さんがその都度、磨きの程度を見極めて仕上げる。

合掌造りで建てられた、開放的な工場。太い柱を何本も建てる必要がないので、広い空間を確保できる。今ではその技術をもつ大工職人は少なくなった。

青森ヒバでできた引き戸。白っぽい木の色に新しさを感じる。
遠くからでも、木目の美しさが見てとれる。

雨風にさらされて、すっかり濃い色になった青森ヒバの外壁。
時間とともに色は変われど、耐久性は抜群。

なだらかな雑木山の小暗い茂みにひっそりと建つ青森ヒバの鳥居。風雨にさらされても腐りにくく、シロアリの被害もほとんど受けないことから、寺社仏閣の建材などにもよく使われる。

下北半島佐井村の長福寺には、仏師の円空上人が青森ヒバで彫った木彫十一面観音立像が伝わる。３５０年ほど前のものだが、青森ヒバの効果で虫食いひとつない妙々たる状態で現存。

# おわりに

カルデサックの扉を開けた途端、「森の中にいるみたい」と言ってくれるお客さまがいます。わたしはその言葉を聞くたびに、うれしさと不安の中で気持ちが揺らぎます。

日本は国土の7割が山です。実は都市部はごく一部で、ほとんどは山なのです。日本は世界有数の森林大国といってもいいでしょう。しかし、山々は悲鳴を上げています。国内に流通している木材のほとんどは安価な外国材。遠い国から伐採して、輸送しても国内材よりも安いからです。昭和30年代には9割の木材が国内産でしたが、現在は2割にまで落ち込んでいるそうです。

70年以上前、戦禍で多くの人が家を失い、復興のために多くの木々が切られました。木を切ったあとにスギやヒノキを植えました。そして、高度経済成長期に、再び大量の木材需要がありました。また木々を切り、植林をします。しかし、スギやヒノキが40年ほど経って成木になっても、海外の安い木材が入ってきたために、木は切られていません。適切な伐採もされず、多くの山はほったらかしになっています。山は悲鳴を上げています。地崩れや今や国民病ともいえる花粉症も適切に木々を切っていないからだといわれてい

村口実姉子（むらぐち みねこ）

青森県風間浦村生まれ。
東京モード学園ファッションデザイン科卒業後、
ファションデザイナーとして働く。
2011 年に独立し、ジェンダーレスファッションブランド **Cul de Sac** を立ち上げる。
2015 年に青森ヒバプロダクト ブランド
**Cul de Sac-JAPON** をスタート。

**Cul de Sac-JAPON**（カルデサック ジャポン）
〒 153-0051 東京都目黒区上目黒 2-24-13
Tel : 03-6412-8083
http://culdesac.jp/


ます。今こそ、適切に国産の木を切り、使うことが持続可能な社会に近づくのではないか。わたしたちはそう思います。

　青森ヒバが成木になるには、１００年という気の遠くなるような歳月が必要です。青森県では、成長の遅いヒバの代わりに、成長の早い木を植えたため、現在では青森ヒバは減少し、大変貴重な木になってしまいました。青森ヒバの伐採量は厳しく制限され、計画的に伐採しています。

　その貴重な青森ヒバをひとかけらもムダにしたくない。そんな気持ちから生まれたのが、カルデサックのプロダクツです。青森ヒバの魅力を、青森から発信し、東京などの大きな街の人に知ってもらう。今ではアジアや欧米の人たちまで、東京の中目黒にあるお店に足を運んでくれるようになりました。青森ヒバの魅力を伝え、そのことが結果的に日本の山を思う気持ちにつながるのではないか。そんな気持ちをわたしたちはもっています。

　とはいえ、祖父の代から続く製材業の家に生まれたわたしにとって、青森ヒバはあまりにも身近すぎて、その大切さに気がつくのが遅かったのかもしれません。ですから、この本が出版できて本当にうれしく思います。出版に携わってくれた方、カルデサックの仲間たち、そしてこの本を手にとってくれた読者に大きな感謝の気持ちを捧げます。ありがとうございました。そして、これからも青森ヒバをよろしくお願いします。この清々しい青森ヒバの香りが、多くの人に届きますように。

# 青森ヒバのある暮らし

凛とした、清々しい香りに包まれて

発行日　２０１９年5月24日　第1刷
著者　村口実姉子
発行人　井上 肇
編集　堀江由美
発行所　株式会社パルコ
エンタテインメント事業部
東京都渋谷区宇田川町15－1
03-3477-5755
https://publishing.parco.jp

印刷・製本　株式会社 加藤文明社


ISBN978-4-86506-297-7 C0095
Printed in Japan



〒150-0045
東京都渋谷区神泉町８－16
渋谷ファーストプレイス
パルコ出版　編集部

Staff

撮影　広瀬貴子
Ryo Mitamura（p.127, p.143）
ブックデザイン　高橋 了（mountain graphics）
編集　本村のり子

協力
青森県観光国際戦略局　観光企画課
まるごとあおもり情報発信グループ
有限会社村口産業（下北半島風間浦村）
有限会社桑田産業（下北半島大畑町）
大畑八幡宮（下北半島大畑町）
長福寺（下北半島佐井村）

アロマレシピ制作
i mirisi